AF359231

NOTICE

SUR L'ÉTABLISSEMENT

DES

HOUBLONNIÈRES

Dites du système

A POTEAUX, FILS DE FER & FICELLES,

PAR F. RETOURNARD,

MEMBRE DU CONSEIL D'ARRONDISSEMENT,

PROPRIÉTAIRE A RAMBERVILLERS (VOSGES).

Basée sur une houblonnière de 2 hectares établie par
l'auteur depuis 1863.

RAMBERVILLERS,

MÉJEAT IMPRIMEUR, LIBRAIRE ET LITHOGRAPHE,

1867.

Établissement d'une houblonnière à poteaux.

Sans entrer dans le fonds même de la question de la culture du houblon, il est pourtant nécessaire de passer en revue la nature, la forme et l'exposition du terrain qui lui convient. Ceci fait, il nous restera à voir comment on doit procéder pour arriver à la plantation des poteaux d'une manière solide et durable, et pour préparer le terrain à recevoir la plante.

Mais ce ne sont là que les points généraux de la question; afin de mieux fixer les idées, nous exécuterons la construction d'une houblonnière d'un hectare, avec aisances et nous passerons en revue tous les détails que nécessite cette opération, les dépenses qu'elle entraîne et enfin les avantages qu'elle acquiert sur la culture à la perche.

1.º Nature, position et forme du terrain le plus propice à l'établissement d'une houblonnière.

Le houblon, par sa nature même, est une plante assez délicate qui demande au moins autant de soins que la vigne. Sa culture se rattache aux cultures industrielles, telles que le colza, la betterave etc. etc. et même le tabac: c'est dire que le terrain qui reçoit la plante doit être de bonne qualité, cultivé avec grand soin et très-bien engraissé. Il existe certainement de grandes différences de production et de qualité suivant que la terre est forte ou légère: forte, elle donnera au produit un goût plus fin, plus pénétrant; légère au contraire, elle donnera une récolte plus abondante, mais de qualité relativement inférieure. En outre, les terres légères, comme les sables, les tourbes etc., ont besoin d'engrais tous les ans; on dirait que la plante a plus faim là qu'ailleurs et que le sol n'a pas la force de retenir le fumier. Dans les terres fortes, l'engrais se ménage beaucoup mieux; on peut ne le renouveler que tous les deux ans; mais en raison même de la plus grande cohésion de la terre qui livre moins facilement la nourriture à la plante, le développement de cette dernière est plus lent et plus progressif.

L'exposition du terrain a aussi une grande importance. On doit éviter les bas-fonds, les lieux par trop humides, où l'air ne circule pas facilement: dans de telles conditions, la nielle, la moisissure sont à craindre. Autant que possible, la houblonnière doit être à l'abri du vent du N. N. E. du moins en Lorraine car c'est celui qui, dans ces contrées, est le plus nuisible, par conséquent le plus à craindre. Enfin le terrain doit être dégagé, boire l'air et le soleil autant que possible; et ce n'est pas là un des moindres avantages de la culture en poteaux sur la culture en perches, parce que ces dernières, par leur grand nombre, apportent beaucoup d'ombre et exigent un espacement beaucoup plus grand entre les plants d'où un rendement moins considérable pour un terrain donné. Enfin qu'elle sera la forme de la houblonnière? Sera-t-elle un carré parfait ou un rectangle? Ce sera un rectangle et en voici la raison. Dans un carré parfait d'un hectare, par exemple, les dimensions étant égales dans tous les sens, les plants du milieu recevront beaucoup moins d'air que ceux qui sont sur les côtés; on pourrait croire que cet inconvénient est illusoire, il existe cependant et l'expérience a démontré que le rendement, dans cette circonstance, était toujours moins considérable au centre. Dans le rectangle, au contraire, la largeur étant moindre, l'air circulera plus facilement, les plants en profiteront davantage. D'ailleurs il faut faire aussi entrer en ligne de compte, la facilité d'exploitation, soit pour la cueillette, soit pour le transport des engrais qui se font à bras dans l'intérieur de la houblonnière. Telles sont les considérations générales qui doivent présider au choix du terrain, passons maintenant à la préparation des poteaux.

2: Préparation et plantation des poteaux.

Les poteaux employés sont d'essence de sapin. Ils offrent à la fois l'avantage de coûter moins cher que les autres bois et de se conserver tout aussi bien. Ils doivent dépasser le sol d'une hauteur d'environ sept mètres. De cette hauteur nécessaire sur toute l'étendue de la houblonnière, il résulte que tous les poteaux ne seront pas d'égale longueur, parce que les deux petits côtés du rectangle, qui doivent servir de points de départ aux fils de fer dont il sera question ci-après, doivent présenter plus de solidité, puisque ce sont eux qui pour ainsi dire, supportent tout le système et reçoivent la plus grande pression, lorsque les fils sont tendus. On devra donc choisir les poteaux de ces lignes extérieures, dans les dimensions suivantes:

Diamètre au gros bout = 0^m 20^c

"   au petit bout = 0^m 10^c

Longueur totale................. = 9^m

ce qui permettra de les enfoncer de deux mètres dans le sol.

Quant aux autres poteaux, qui n'ont qu'une partie plus faible du poids à supporter, parce qu'ils sont intermédiaires, ils ne seront enfoncés dans le sol que de 1 mètre à 1 mètre 30 centimètres et pourront n'avoir que 8 mètres à 8 mètres 30^{cent} de hauteur.

Tous ces poteaux doivent être indistinctement soumis à une préparation qui a pour but d'augmenter leur durée et leurs chances de conservation. On peut les injecter, comme cela se pratique pour les lignes télégraphiques, on les goudronner, ou encore les brûler, de manière que la partie soumise au feu dépasse le sol d'environ 0^m 50 cent^s. De ces trois modes d'agir, le meilleur et le plus économique est le dernier; car par l'injection, les fibres du bois se remplissent, deviennent moins élastiques, quant à l'enduit de goudron, il ne dure que peu de temps, et disparaît bientôt sous l'influence des variations de la température; donc nous brûlerons nos poteaux au pied, dans les proportions indiquées plus haut.

3° Autres matériaux nécessaires.

L'écartement des lignes de poteaux entre elles dans la largeur, sera de 4 mètres 50 centimètres. Pour les rendre solidaires les unes des autres, on reliera les poteaux au moyen de traverses en sapin, boulonnées sur chaque poteau. Ces traverses auront de 4 mètres 70 centimètres à 4 mètres 80 centimètres de longueur; elles devront présenter une assez grande solidité, pour maintenir constant l'écartement des poteaux et supporter aussi les fils intermédiaires. Les boulons de ces traverses se composeront d'une tige en fer de 0 m 20 cent de longueur sur 0 m 015 cent de diamètre et de deux écrous pour serrer la traverse contre le poteau. Nous avons dit que les traverses devaient supporter les fils

Boulons de traverses.

Système d'attache de la traverse au poteau

Système d'attache, vu de face.

intermédiaires. Ces fils seront au nombre de deux et à l'écartement de 1ᵐ 50ᶜᵉⁿᵗ; ils partageront en trois parties égales chaque intervalle d'un poteau à l'autre. Ces fils seront supportés par des poulies boulonnées dans les traverses. Ce système a une très-grande solidité, joint l'avantage de faciliter la tension et de diminuer beaucoup la résistance de

Poulie intermédiaire

frottement du fil de fer, en le faisant rouler sur la gorge de la poulie. Quant au fil qui passera sur chaque poteau, il sera soutenu aussi par une poulie, dont l'axe s'enfoncera dans le poteau perpendiculairement à sa longueur. On aura donc trois lignes de fil de fer dans chaque intervalle. Il nous reste à

Poulie de poteau.

voir le fil de fer que nous devons employer, la méthode de tension et enfin les ficelles et petits piquets qui doivent faire grimper la plante. Bien des expériences ont été déjà faites à ce sujet depuis la mise en usage du nouveau mode de plantation. On a éprouvé certainement des mécomptes comme dans tous les systèmes nouveaux qui n'ont pas encore pour eux l'autorité de l'usage. Ainsi des propriétaires ne se rendant pas un compte exact de la tension, du poids à supporter, ont vu des fils de fer n°. 17, 18 et même 19 se rompre dès la 2ᵉᵐᵉ récolte, la première étant toujours très faible et de peu de poids.

Aussi aujourd'hui en est-on venu à employer le fil de fer n°. 5, cordé à 8 brins, avec ou sans âme en chanvre, identiquement semblable à celui qui s'emploie dans la fabrication des câbles de transmission. Ce choix est justifié par une foule de raisons: le fer est de meilleure qualité puisqu'il est plus étiré, la résistance des huit brins est plus grande que celle d'un seul fil de gros calibre parce que la ténacité du métal est plus grande; du reste tous ces résultats sont connus et consacrés aujourd'hui pour le cas particulier qui nous occupe. Il est vrai de dire cependant que le fil de fer n°. 20 a résisté presque partout; mais la différence de prix est assez peu sensible pour ne pas donner la préférence au système qui présente le plus de chances de durée. Les fils de fer seront tendus dans toute la longueur des lignes, au moyen de treuils fixés à chaque extrémité de la houblonnière. Ces treuils ou tendeurs ne seront pas

placés au pied même des poteaux, mais à quelque
distance, à 8 mètres par exemple, de manière que le
fil arrive sur le tendeur sous un angle de 45°.
Cette inclinaison rend la tension plus facile et plus
complète en diminuant le frottement par l'obliquité
de la direction. On pourrait, à la vérité, tendre verti-
calement, mais pour cela, il faudrait un poteau en
tête de chaque ligne intermédiaire, ce qui augmen-
terait assez considérablement le prix de l'instal-
lation. Les treuils ou
tendeurs sont en tout
semblables à ceux des
camions employés dans
les villes. On fixe en
terre deux forts piquets de
chêne à 0ᵐ 30ᶜᵐ l'un de l'autre
on les arme de deux lames de
fer recourbées en forme de
cercle où vient se loger une forte barre trans-
versale sur laquelle le fil de fer doit s'enrouler;
deux leviers en fer engagés dans le treuil opèrent
la tension.

Il nous reste encore à expliquer comment la
plante va monter du sol à 7 mètres de hauteur
pour atteindre les fils de fer. La méthode est

excessivement simple, et c'est surtout sur ce point que le nouveau système de plantation l'emporte sur celui des perches.

À chaque plant de houblon, on met un petit piquet de 0m 60c de longueur, on l'enfonce de 0m 30c à 0m 40c environ, puis à l'extrémité laissée libre au-dessous du sol, on attache une ficelle dont l'autre bout tient au fil de fer.

La grosseur et la force de la ficelle doivent être moyennes, en outre il faut éviter la détérioration et la pourriture du chanvre. On obtient facilement ce résultat, en goudronnant toute la ficelle, ou mieux en la trempant dans une dissolution presque saturée de sulfate de cuivre. Ce dernier procédé est le seul employé dans tous les jardins impériaux. Le houblon, pour grimper n'a pas besoin de joncs ou de liens, il monte de lui même dès que le mouvement a été indiqué, et ce travail, qui avec les perches est relativement long et coûteux, devient presque insignifiant avec la méthode nouvelle, et peut être parfaitement accompli par une femme ou un enfant intelligent. Les ficelles ne sont presque pas tendues, l'air circule librement dans toute la plantation et leur donne un petit mouvement d'oscillation qui, loin de nuire à la plante, lui est au contraire favorable et active son développement. On conçoit aussi que les intervalles entre les plants peuvent être diminués puisqu'on a supprimé le diamètre des perches et qu'il n'existe d'ombre portée que celle de la plante elle-même.

4.º Construction d'une houblonnière d'un hectare avec aisances.

Maintenant que nous possédons tous les éléments de la question générale, faisons-en l'application au cas particulier d'une houblonnière d'un hectare environ et établissons le devis des dépenses que l'opération nécessitera.

On commence par jalonner le terrain. On trace un rectangle de 135 mètres de longueur sur 72 mètres de largeur. On place ensuite les deux lignes extrêmes de poteaux à 9 mètres en dedans des petits côtés du rectangle, les poteaux, dans chaque ligne sont écartés les uns des autres de 4ᵐ 50 centimètres; nous aurons, par conséquent, 17 poteaux pour 16 intervalles; c'est-à-dire: 16 × 4ᵐ 50 = 72 mètres. Reste à tracer maintenant les lignes dans la longueur. La distance d'un poteau à l'autre sera de 19ᵐ 50 centimètres, es-pace suffisant et nécessaire pour que le fil de fer n'acquière pas une trop grande portée et puisse être tendu convenablement; nous aurons, par conséquent, 7 poteaux pour 6 distances, ce qui donne 19ᵐ 50ᶜ × 6 = 117 mètres. Nous avons dit que nous laissions au-delà des deux lignes extrêmes de poteaux, une distance de 9 mètres, pour opérer la tension des fils sous un angle d'environ 45°; nous avons donc à ajouter aux 117 mètres, une longueur supplémentaire de deux fois 9 mètres, c'est-à-dire 18 mètres, ce qui donne: 117ᵐ + 18ᵐ = 135 mètres, longueur totale du rectangle choisi. La surface totale de la houblonnière comprendra 97 ares 20 centia.; le reste du terrain sera consacré aux chemins d'exploitation, aux dépôts d'engrais, terreau, etc., il pourra aussi être utilisé en perches. Lors-que la plantation des poteaux sera terminée, qu'ils seront munis de leurs traverses et de leurs boulons, de leurs fils de fer et de leurs poulies, lorsqu'en un mot, tout sera prêt à recevoir la plante, alors on s'occupera de dé-foncer et de préparer le terrain. Le défonçage doit avoir lieu à trois fers de bêche; les deux premiers fers seront enlevés de la jauge rendue nette en relevant les parcelles de terre, le troisième sera bêché et laissé sur place. Cette opération terminée, on placera les plants de houblon à 1m 50cent les uns des autres dans tous les sens, ce qui donnera : 1° pour la largeur :

$$\frac{72}{1.50} = 49 \text{ plants}$$; 2° pour la longueur :

$$\frac{117}{1.50} = 78 \text{ plants}$$; la superficie comprendra donc $78 \times 49 = 3752$ plants, montés en ficelles. Il nous reste à utiliser les 9 mètres de longueur laissés à chaque extrémité entre les tendeurs et la première ligne de poteaux ; nous pouvons y placer 5 plants, or nous avons 49 lignes en largeur, ce qui donnera $49 \times 5 = 245$ plants pour chaque extrémité de la houblonnière, au total 490 plants montés en perches pour n'avoir aucun terrain perdu. Le total général des plants sera de $3752 + 490 = 4242$.

Mais combien, pour en arriver là, cela nous aura-t-il coûté ? Voici le point essentiel et qui décide en faveur du nouveau système. Afin de faire ressortir plus clairement l'économie qui en résulte, nous prendrons dans ce devis tout au prix maximum.

Devis des matériaux nécessaires.

1° 119 poteaux à 5ᶠ l'un, ci..................595ᶠ 00ᶜ

2° 112 traverses à 2ᶠ l'une, ci..................224.00

3° 231 boulons à 0,50ᶜ l'un, ci..................115.50

4° 350 poulies à 0,40ᶜ l'une, ci..................140.00

5° 6800 mètres fil de fer n: 5 câblé à 8 brins
à 0ᶠ 055 le mètre courant, ci... } 375.00

6° 3800 piquets de 0ᵐ 60ᶜ de longueur
à 0ᶠ 02ᶜ l'un, ci................. } 76.00

7° 100 tendeurs à 1ᶠ 25ᶜ pièce, ci..........125.00

8° 3800 ficelles de 7 mètres, à 0ᶠ 07ᶜ pièce. 266.00

Total... 1916.50

Devis de la façon

1° 119 trous à 0ᶠ 60ᶜ l'un, ci.............. 71.40

2° 119 poses de poteaux, ci.............. 119.00

3° 112 poses de traverses, ci.............. 28.00

4° 350 poses de poulies, ci.............. 17.00

5° 49 poses de fil de fer, ci.............. 10.00

Total... 245.90

A ajouter........1916.50

Total général....2162.40

Ainsi, comme on le voit, le prix de l'établissement complet de la houblonnière sera de 2162$ 40.—
Or, si nous réfléchissons qu'aujourd'hui les perches
toutes préparées, prêtes à planter, coûtent un franc
pièce, il est clairement démontré qu'il y a économie des $\frac{2}{5}$ du capital employé, car il nous faudrait autant de perches qu'il y a de plants à
la ficelle ; c'est-à-dire 3742. Et encore ici, nous
mettons les chances de durée égales dans les deux
systèmes, nous ne tenons pas compte de la différence d'intérêt de l'argent employé, différence qui
pourtant doit entrer dans les frais généraux ; enfin
nous négligeons même la différence de main-d'œuvre.
Bien plus, une houblonnière en perches, ne peut
se cultiver qu'à la bêche : avec le système des
poteaux, on peut employer la charrue, non pas
la charrue ordinaire, mais un instrument léger,
manœuvré par un cheval ; elle coûte 60 francs et
est entièrement semblable à celle employée en
Bourgogne, pour la culture de la vigne. Un spé-
cimen existe à Malzéville, chez Mr. Vabre,
viticulteur.

D'après cet exposé, la question entre les deux
systèmes, semble tranchée en faveur des poteaux.
Sans doute, à mesure qu'on avancera dans la

voie, de nouvelles améliorations surgiront avec l'expérience et la pratique; mais qui dit amélioration dit augmentation de produits, diminution de frais, et, par conséquent, si dès aujourd'hui la différence est déjà marquée, que sera-t-elle lorsque l'œuvre s'approchera de plus en plus de la perfection?

Fin.

Rambervillers Autog. Méjeat.

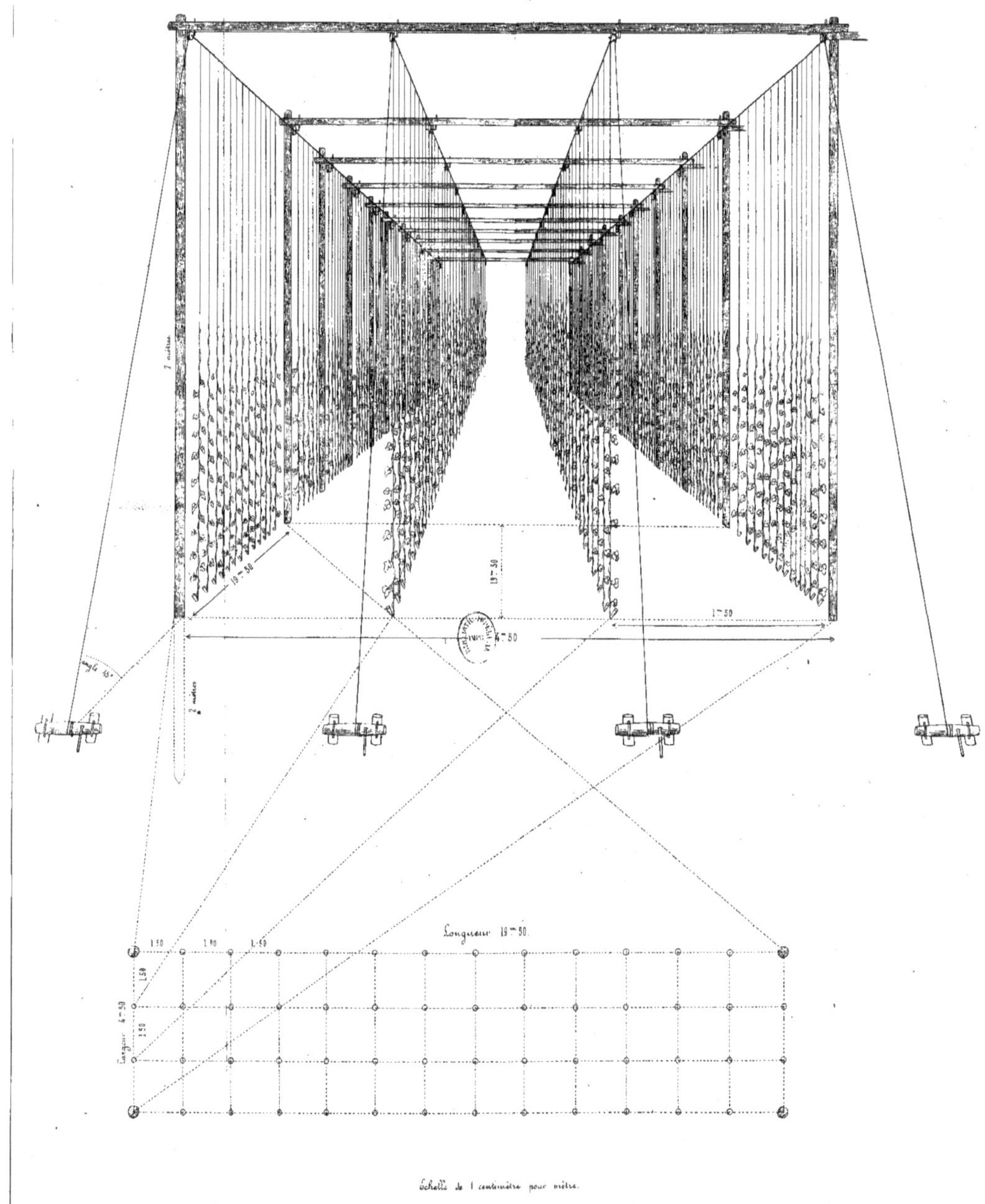
7 mètres
19 m 50
19 m 50
1 m 50
4 m 50
2 mètres
45°
Longueur 19 m 50.
1.50
1.00
1.50
Longueur 4 m 50
1.50
1.50
Échelle de 1 centimètre pour mètre.
1 2 3 4 5 6 7 8 9 10 mètres